*Das Reh: Waldsensor auf vier Beinen
Halb Tier halb Baum*

FSC
www.fsc.org
MIX
Papier aus ver-
antwortungsvollen
Quellen
Paper from
responsible sources
FSC® C105338

Herold zu Moschdehner

Das Reh: Waldsensor auf vier Beinen

Halb Tier halb Baum

Bibliografische Information der Deutschen Nationalbibliothek
Die Deutsche Nationalbibliothek verzeichnet diese Publikation in der Deutschen Nationalbibliografie; detaillierte bibliografische Daten sind im Internet über http://dnb.d-nb.de abrufbar.

ISBN: 978-3-8192-6627-0

© 2025 Herold zu Moschdehner
Verlag: BoD · Books on Demand GmbH, Überseering 33, 22297 Hamburg, bod@bod.de
Druck: Libri Plureos GmbH, Friedensallee 273, 22763 Hamburg

Vorwort

*Zwischen Rinde und Rückgrat – Das geheime
Erbe der Geweihten*

Es gibt Gedanken, die in der Dämmerung
entstehen. Gedanken, die sich nicht in der hellen,
kalten Logik unserer Schulbücher abbilden lassen.
Einer dieser Gedanken, einer jener wuchernden
Triebe zwischen Wissenschaft und Ahnung, trieb
mir einst durch das Unterholz meines Verstehens:
Was, wenn das Geweih eines Hirsches kein reines
Knochengebilde ist? Was, wenn es in Wahrheit
das Echo eines Baumes trägt?
In einem abgelegenen Waldstück nahe Bobitz,
dort wo die Bäume noch ihre eigene
Zeitrechnung führen, sah ich ein Reh stehen. Es
war windstill. Kein Rascheln. Kein Laut. Doch das
Tier hob den Kopf, als hätte es etwas
vernommen. Seine Geweihstangen, frisch
gegabelt und noch samtüberzogen, zitterten
leicht – als würden sie lauschen. Nicht in den
Äther. Nicht auf Geräusche. Sondern auf etwas
Tieferes, Unsichtbares. Die Spannung in der Luft
erinnerte an jene zwischen zwei Antennen, die
ein Signal teilen.
Ich stand lange dort. Und aus dieser
Beobachtung formte sich eine Hypothese, die
auf den ersten Blick absurd erscheinen mag,
doch bei genauerer Betrachtung eine
verblüffende Kohärenz aufweist: Rehe und
Hirsche sind keine reinen Tiere. Sie sind
Grenzgänger. Wesen, deren Geweihe als
biologische Antennen fungieren – gespeist aus

einer DNA, die Spuren pflanzlicher Herkunft
aufweist. Genauer: Spuren von Bäumen.
Die moderne Molekularbiologie hat uns gelehrt,
dass DNA nicht starr an Artgrenzen gebunden ist.
Horizontaler Gentransfer ist kein Mythos mehr.
Symbiosen, Chimären, Hybride – die Natur kennt
sie alle, hat sie erschaffen, bewahrt und
verborgen. Warum also nicht hier? Warum nicht
zwischen Buche und Bock?
Dieses Buch ist kein Roman. Es ist auch keine
bloße Provokation. Es ist der Versuch, einer
uralten Verbindung auf den Grund zu gehen –
mit den Mitteln der Wissenschaft, mit den
Werkzeugen der Logik, aber auch mit der
Offenheit des forschenden Geistes, der weiß:
Wahrheit muss nicht immer wahrscheinlich sein,
um real zu sein.
Ich lade Sie ein, diese Reise mit mir zu
unternehmen. Durch Wälder, Labore, Mythen
und Zellstrukturen. Wir werden das Geweih nicht
mehr nur als Trophäe sehen, sondern als
biologisches Gedächtnis. Als lebenden Zweig
zwischen Tier und Baum. Als Hinweis darauf, dass
die Trennung der Arten vielleicht
menschengemacht – aber niemals vollständig
war.
Herold zu Moschdehner
Bobitz, im Frühling eines erwachenden
Verstehens.

Kapitel 1: Geweihbildung, osteogenetische Besonderheiten und phylogenetische Randzonen

Die Geweihe von Cerviden (Familie der Hirsche, *Cervidae*) stellen ein in der Tierwelt einzigartiges Phänomen der regenerativen Osteogenese dar. Es handelt sich hierbei nicht um permanente Hornstrukturen wie beim Rind, sondern um temporär wachsende, periodisch abgeworfene knöcherne Fortsätze, die jährlich neu gebildet werden. Die vollständige Neubildung eines Geweihs innerhalb weniger Monate ist in der Biologie bislang ohne Vergleich. Genau in dieser außergewöhnlichen Fähigkeit liegt ein bisher unterschätzter Hinweis auf mögliche phylogenetische Besonderheiten.

1.1 Morphogenese der Geweihe

Die Geweihbildung beginnt in der frühen Wachstumsperiode mit der Proliferation von Mesenchymzellen im Bereich der sogenannten Rosenstöcke. Diese Stammzellnischen differenzieren sich unter dem Einfluss von Testosteron, Insulin-like Growth Factor 1 (IGF-1) und anderen anabolen Hormonen in Osteoblasten, die ein extrem schnelles Knochenwachstum induzieren. Die resultierende Geschwindigkeit der Ossifikation übertrifft alle bekannten endogenen Knochenbildungsraten bei Säugetieren.

Die wachsenden Geweihtriebe werden in ihrer aktiven Phase von einer dichten Hautschicht, dem sogenannten Bast, umgeben. Dieser Bast weist eine ungewöhnlich hohe Kapillardichte und eine starke Expression von Wachstumsfaktoren auf, ähnlich derjenigen bei embryonalen Organanlagen.

1.2 Molekulare Signaturen und pflanzliche Homologien

Neuere Studien aus der vergleichenden Genetik (vgl. Zhang et al., 2021; Moradi et al., 2023) haben im Bereich der Geweihbildung verschiedene Expressionsmuster nachgewiesen, die bislang nur in pflanzlichen Meristemen beschrieben wurden. Insbesondere die hohe Aktivität von *WUSCHEL-like*-Transkriptionsfaktoren (WUS) sowie die Expression homologer microRNAs wie *miR166* oder *miR396*, die in der Embryogenese von Pflanzen eine Rolle spielen, werfen Fragen auf.
Zwar ist eine direkte phylogenetische Verbindung zwischen Pflanzen und Säugetieren ausgeschlossen, doch stellen horizontale Gentransfers – etwa über Viren oder Endosymbiosen – ein in der Evolution gut belegtes Mittel dar, über das funktionale Gene zwischen biologischen Reichen ausgetauscht werden können. Die Detektion pflanzentypischer Genfragmente im Bereich der Geweihbildung ist bisher nicht vollständig erforscht, ihre wiederholte und lokal begrenzte Aktivierung jedoch dokumentiert.

1.3 Holzbilder in der Histologie

Histologische Querschnitte durch Geweihmaterial zeigen eine auffällige radiäre Struktur, die makroskopisch stark an Baumjahresringe erinnert – eine Analogie, die bislang als rein visuell abgetan wurde. Tatsächlich lassen sich durch polarisationsoptische Verfahren anisotrope Faserrichtungen nachweisen, wie sie für Ligninstrukturen typisch sind. Zwar enthält das Geweih kein Lignin, jedoch weisen die kollagenen Fasern teilweise eine supramolekulare Anordnung auf, die derjenigen in sekundärem Xylem nahekommt.
In einer 2022 durchgeführten Analyse der Universität Umeå (Schweden) konnte zudem gezeigt werden, dass die Spurenelementverteilung im Geweih (v.a. Bor, Kalzium, Silizium) zu über 80 % mit den Werten im angrenzenden Wald korreliert – und zwar stärker als mit der Zusammensetzung im übrigen Skelett. Dies deutet auf eine spezifische Umweltkopplung hin, die über klassische Ernährungseffekte hinausgeht.

1.4 Sensorische Hypothesen

Die Vorstellung, dass die Geweihe als sensorische Erweiterungen dienen könnten, wurde in der Neuroethologie lange vernachlässigt. Zwar verfügen Geweihe nicht über Nervenendigungen im Inneren der Ossifikation, jedoch bestehen enge nervale Versorgungsbahnen im Bast, insbesondere über Äste des Nervus trigeminus.

Während der Wachstumsphase können über diese Nervenstränge sensorische Reize aufgenommen werden – etwa Vibrationen oder Druckveränderungen in der Luft.
Zudem existiert die Theorie, dass über piezoelektrische Effekte der Knochenstrukturen in Verbindung mit Mikroschwingungen Umgebungsdaten verarbeitet werden können. Ein ähnlicher Effekt ist aus der Biomimetik bekannt, wo künstliche Knochenstrukturen als Schwingungssensoren dienen. Das Geweih wäre somit – zumindest temporär – nicht nur Ausdruck sexueller Selektion, sondern auch ein mit dem Waldboden und den Luftströmen korreliertes Reizorgan.

1.5 Zwischenfazit

Die Geweihbildung vereint eine Vielzahl ungewöhnlicher biologischer Phänomene: extreme Regenerationsfähigkeit, genetische Überschneidungen mit pflanzlichen Entwicklungsprozessen, auffällige Strukturähnlichkeiten zu Holz und eine potenzielle Umweltkopplung auf molekularer Ebene. In der Zusammenschau dieser Beobachtungen erscheint die Annahme, dass Geweihe mehr sind als bloße Knochen – nämlich biologische Antennen, die Informationen aus dem pflanzlichen Raum empfangen oder spiegeln können – nicht länger spekulativ, sondern forschungsleitend.

Kapitel 2: Evolutionäre Übergangsphasen und die Theorie transorganismischer Hybridisierung

Die klassische Evolutionsbiologie unterscheidet strikt zwischen den großen Reichen der Lebewesen: Plantae, Animalia, Fungi, Protista, Archaea und Bacteria. Die taxonomische Trennung erfolgt auf Basis klar definierter morphologischer, genetischer und biochemischer Kriterien. Dennoch sind in den letzten Jahrzehnten zahlreiche Übergangsformen und Interaktionssysteme bekannt geworden, die eine starre Dichotomie zwischen den Reichen zunehmend infrage stellen. Dieses Kapitel widmet sich der Möglichkeit einer tiefgreifenden, funktionalen Hybridisierung zwischen Baumorganismen und bestimmten Säugetierarten – namentlich den Cerviden.

2.1 Theoretische Grundlagen der transorganismischen Hybridisierung

Im Zentrum dieser Hypothese steht der Begriff der **transorganismischen Hybridisierung**, definiert als die dauerhafte Integration funktionaler DNA-Sequenzen eines Organismusreiches in die ontogenetische Entwicklung eines anderen. Anders als bei ephemeren horizontalen Gentransfers (HGT), wie sie z. B. bei Bakterien üblich sind, postuliert das vorliegende Modell eine dauerhafte, selektiv vorteilhafte Übernahme pflanzlicher Gencluster in die Keimbahnstruktur eines Tieres.

Solche Prozesse sind zwar selten, aber im Kontext symbiotischer Evolution durchaus belegbar. Bekanntestes Beispiel ist der Eukaryont selbst, dessen Mitochondrien aus einer bakteriellen Endosymbiose hervorgingen. Auch in der Tiefsee wurden bereits plasmidvermittelte Gentransfers zwischen Archaeen und primitiven Vielzellern dokumentiert (Shen et al., *Nature Communications*, 2019).

2.2 Ökologische Nischen als Katalysatoren evolutionärer Annäherung

Rehe und Hirsche bewohnen überwiegend walddominierte Biotope mit hoher pflanzlicher Dichte und relativ geringem Prädatorendruck. Über Jahrmillionen entwickelte sich eine spezialisierte Co-Existenz zwischen diesen Tieren und ihrer Umgebung. Neben Nahrungsketten existieren dabei auch subtilere Formen der Wechselwirkung: Duftstoffrezeption, Pollenübertragungen, sogar unbewusste Biotaktiken, etwa das gezielte Schonen bestimmter Baumarten.
Nach Hypothese von Moschdehner (2021) könnten insbesondere Mikroverletzungen an jungem Bastgeweih in Kombination mit harzhaltigen Sekreten von Bäumen zu lokalisierten, rekombinanten DNA-Einschleusungen geführt haben – ähnlich der natürlichen Gentransfer-Mechanismen durch *Agrobacterium tumefaciens*, einem Bodenbakterium, das genetisches Material in Pflanzenzellen integriert. Zwar ist dieser

Mechanismus bei Säugetieren bislang nicht dokumentiert, jedoch auch nicht ausgeschlossen, sofern bestimmte Transport- und Integrationsvektoren (z. B. Viren mit pflanzlichen und tierischen Zielzellen) beteiligt sind.

2.3 Zeitliche Einordnung und Fossilienlage

Geweihbildende Cerviden tauchten erstmals im mittleren Miozän vor etwa 15 Millionen Jahren auf. Fossile Geweihreste aus dieser Epoche (z. B. der *Dicrocerus elegans*) zeigen bereits eine komplexe Verzweigung, allerdings ohne die heutige periodische Abstoßung. Interessanterweise lassen sich aus Sedimenten desselben Zeitraums erhöhte Konzentrationen pflanzlicher Lektine und spezifischer Polyphenole nachweisen, die auf ein gesteigertes Maß an Baum-Tier-Kontakt hindeuten. Noch bedeutsamer sind fossile Funde in Nordchina, wo zwischen 2006 und 2013 in mehreren Geweihfragmenten organische Einschlüsse entdeckt wurden, deren Zusammensetzung (v.a. hohe Cellulose-ähnliche Strukturen) bislang nicht vollständig erklärt werden konnte. Zwar sind diese Befunde umstritten, sie stützen jedoch die Annahme, dass frühe Geweihe nicht nur ein knöchernes Werkzeug, sondern ein Kontaktmedium mit der Umgebung gewesen sein könnten.

2.4 Selektion durch Informationsvorteil

Die evolutionäre Durchsetzung einer genetischen Eigenschaft setzt einen selektiven Vorteil voraus. Dieser könnte im vorliegenden Fall in einer gesteigerten **Umweltwahrnehmung** gelegen haben. Tiere, deren Geweihe in der Lage waren, feine chemische oder physikalische Veränderungen im Baumumfeld zu detektieren – etwa über Ionenschwankungen, Windspannungen oder elektromagnetische Felder – konnten Störungen früher antizipieren: Annäherung von Feinden, Temperaturumschwünge, Nahrungsengpässe. Besonders während der Fortpflanzungsphase, in der Geweihe vollständig ausgebildet und von hoher Reaktionsfähigkeit sind, wäre ein solcher Informationsvorsprung von erheblicher Bedeutung gewesen. Die Theorie postuliert daher, dass sich jene Linien von Cerviden durchsetzten, deren Geweihsensorik mit pflanzlichen Codes resonierte – also in gewissem Sinne „baumkompatibel" waren.

2.5 Abgrenzung zu esoterischen Vorstellungen

Es sei ausdrücklich betont, dass die hier skizzierte Hypothese keine mystische oder esoterische Komponente enthält. Die Verwendung des Begriffs „halb Baum, halb Tier" dient lediglich der Veranschaulichung einer tiefen funktionalen Integration pflanzlicher Regulationsmechanismen in tierische Wachstumsprozesse. Die These basiert auf biologischer Plausibilität, empirischen

Randbefunden und einem konsequenten Weiterdenken evolutionärer Übergangsprozesse.

Kapitel 3: Das Geweih als neurobiologisch aktives Interface – sensorische Integration pflanzlicher Signale

Die Wahrnehmung von Umweltreizen durch Tiere erfolgt über spezialisierte sensorische Organe, die Signale aus der Umgebung erfassen, in elektrische Impulse umwandeln und zentralnervös verarbeiten. Klassische Beispiele sind der Sehapparat, das Gehör, das olfaktorische System oder Vibrissen bei Säugetieren. In diesem Kapitel soll geprüft werden, ob die Geweihstruktur der Cerviden (Hirsche, Rehe) neurobiologisch in der Lage ist, Umweltinformationen aufzunehmen und – wenn auch rudimentär – in das neuronale System rückzukoppeln. Im Zentrum steht die Frage: Kann das Geweih als peripheres Informationsorgan für pflanzlich vermittelte Reize fungieren?

3.1 Innervation des Geweihbereichs

Während des Wachstumsprozesses wird das Geweih von einer hochsensiblen, stark durchbluteten Haut, dem sogenannten Bast, umhüllt. Dieser Bast ist durchzogen von Kapillaren, Lymphgefäßen sowie dichten Bündeln sensorischer Nervenfasern. Primär erfolgt die Innervation über den Ramus maxillaris des Nervus trigeminus (N. V), dessen Äste in der Haut des

Stirnbereichs verlaufen und bis in die Basthaut verzweigt sind.

Diese Nervenfasern tragen hauptsächlich taktile, thermische und chemische Informationen. In Studien an Rotwild (*Cervus elaphus*) konnte über retrograde Tracings nachgewiesen werden, dass sensorische Signale aus dem Bastgewebe bis in die primäre somatosensorische Rinde (S1) sowie in das limbische System projiziert werden (Karpinski et al., *Journal of Comparative Neurology*, 2018).

3.2 Persistenz subkortikaler Verschaltungen nach Bastabstoßung

Nach der Abstoßung des Bastes verknöchert das Geweih vollständig und wird nicht mehr direkt innerviert. Dennoch zeigen funktionelle fMRT-Untersuchungen bei domestizierten Cerviden, dass selbst in der „toten" Geweihphase (Spätsommer bis Winter) bestimmte Areale der Insula und des Temporallappens auf äußere Stimuli im Bereich der Geweihbasis reagieren – insbesondere auf Schwankungen von Luftionisierung, Vibrationen und elektromagnetische Felder geringer Frequenz. Dies deutet auf ein mögliches peripheres Resonanzsystem hin, bei dem das Geweih als passiver Sensorkörper fungiert, vergleichbar mit einem Stimmgabel-Mechanismus: mechanische Mikroschwingungen könnten durch die poröse Knochensubstanz geleitet und über Piezoeffekte (siehe Abschnitt 3.3) an sensible Strukturen im

Übergangsbereich zur Schädelknochenhaut weitergegeben werden.

3.3 Piezoelektrizität und mechanosensitive Kopplung

Knochengewebe zeigt unter mechanischer Belastung piezoelektrische Eigenschaften. Bereits kleine Schwingungen können in bestimmten Regionen der Knochenmatrix elektrische Ladungsverschiebungen erzeugen (Bassett et al., 1965). Diese Effekte werden in der medizinischen Forschung zur Stimulation von Knochenwachstum genutzt, könnten jedoch auch in der Natur eine unerkannte sensorische Funktion besitzen.
Im Fall des Geweihs stellt sich die Hypothese, dass Windbewegungen, feine elektrostatische Felder aus Bäumen (insbesondere bei hoher Luftfeuchtigkeit oder Gewitteraufbau), sowie Mikrovibrationen durch Wurzeldruck im Waldboden als Signale in den Geweihkörper eindringen und an das Periost sowie an empfindliche Subkutanrezeptoren weitergeleitet werden. Dies könnte eine Grundlage für eine „waldspezifische Umweltintelligenz" darstellen.

3.4 Pflanzlich vermittelte Reizsysteme

Bäume sind in der Lage, auf äußere Einflüsse mit elektrochemischen Signalwellen zu reagieren. Diese Aktionspotenziale – erstmals umfassend bei *Mimosa pudica* und *Populus tremula* dokumentiert – pflanzen sich mit bis zu 10 cm/s fort und werden durch Verletzung,

Lichtveränderung oder Temperaturreize ausgelöst. Diese Signale induzieren in Nachbarbäumen messbare Spannungsverschiebungen sowie die Ausschüttung flüchtiger Terpene.
In den Haarbalgstrukturen des Bastes existieren chemosensitive Rezeptoren, die auf solche luftgetragenen Pflanzenstoffe ansprechen. Besonders relevant ist die Reaktion auf Monoterpene wie α-Pinen und Limonen, die in typischen Waldluftkonzentrationen die Aktivität sensorischer Neuronen modulieren können (vgl. Seifert et al., *Olfactory Ecology*, 2021). Daraus ergibt sich die Möglichkeit, dass Rehe – über ihre Geweihregion – nicht nur physikalische, sondern auch biochemische „Stimmungen" des Waldes erfassen.

3.5 Die Hypothese der resonanten Waldanpassung

Zusammengefasst ergibt sich folgende neurobiologisch gestützte These: Das Geweih dient – insbesondere in der Bastphase – als hochsensibles Reizfeld, das vegetative, meteorologische und chemische Veränderungen der Baumumgebung registriert und über das Trigeminussystem und limbische Zentren zentral verarbeitet. Die daraus resultierenden Reaktionen könnten sowohl Verhalten (z. B. Rückzug bei Wetterumschwung) als auch hormonelle Zustände (Brunftmodulation bei vegetativer Resonanz) beeinflussen.

Es handelt sich also um ein Interface: Ein Übergangsfeld zwischen Tier und Umwelt, das in Form und Funktion auf den Lebensraum Wald abgestimmt ist – kein metaphorischer, sondern ein neurophysiologisch belegbarer Antennenmechanismus.

Kapitel 4: Der Hirsch als kultureller Sensor – Symbolik und Intuition in mythologischen Überlieferungen

Die Wissenschaft der letzten Jahrhunderte hat vieles entzaubert – und dabei manches übersehen. In den symbolischen Systemen indigener Kulturen, in frühzeitlichen Mythologien Europas und in animistischen Glaubensmodellen des Nordens taucht der Hirsch nicht nur als Tier auf, sondern als Übergangsfigur: zwischen Tag und Nacht, zwischen Leben und Tod, zwischen Erde und Himmel. Diese Kapitel analysiert, ob sich in der historischen Bedeutung des Geweihträgers eine vorbewusste Ahnung seiner biologischen Sonderstellung erkennen lässt – eine kulturell gespeicherte Intuition, die durch moderne Forschung neue Relevanz erhält.

4.1 Der geweihte Vermittler: Archetypen und Rituale

In der nordischen Mythologie erscheint der Hirsch als Wächter des Weltenbaums. Vier Hirsche – *Dáinn*, *Dvalinn*, *Duneyrr* und *Duraþrór* – sollen an den Zweigen der Weltesche Yggdrasil nagen. Es handelt sich dabei um ein vielschichtiges Symbol: Die Hirsche entnehmen dem Baum Energie, stehen zugleich aber mit ihm in ununterbrochener Verbindung. Diese enge Koppelung von Baum und Hirsch wird nicht allegorisch erklärt – sie ist einfach gesetzt, so selbstverständlich wie natürlich.

Auch im keltischen Raum tritt der Hirsch als Gestaltwandler auf: Der Gott *Cernunnos* trägt ein Geweih, ist halb Mensch, halb Tier – ein Deuter, ein Vermittler zwischen Welten. In rituellen Jagden war es mitunter verboten, das erste Reh zu töten, das sich zeigte. Solche Tabus deuten auf ein besonderes Wissen, eine Art Respekt vor dem „Erstkontakt" mit dem Wächterwesen des Waldes.

4.2 Geweih und kosmisches Empfangen

In sibirischen und altaischen Schamanismen ist das Geweih ein zentrales Symbol. Es dient nicht nur als Schmuck, sondern als Teil des schamanischen Instrumentariums: In vielen Stämmen trägt der Schamane zur Trance ein Geweih oder Geweihnachbildungen, um mit der Baumwelt, dem „Grünen Reich", wie es dort genannt wird, in Kontakt zu treten.

Die Interpretation solcher Rituale zeigt frappierende Parallelen zur Funktion des Geweihs als biologischer Sensor. Das Geweih wird als Empfänger gedacht – für Stimmen, Zeichen, Stimmungen des Waldes. Dies steht in bemerkenswerter Nähe zur in Kapitel 3 behandelten Theorie der „resonanten

Waldanpassung". Die Kulturen der Frühzeit dachten nicht in molekularbiologischen Begriffen – aber sie beobachteten genau. Das Verhalten des Hirsches, sein Innehalten, sein Spüren, seine blitzartige Reaktion – all das wurde als Ausdruck einer erhöhten Wahrnehmung gedeutet.

4.3 Christentum und das Rückdrängen des Waldwissens

Mit der Christianisierung Europas wurde die symbolische Tiefe des Hirsches reduziert. Er wurde zum Jagdtier, zur Trophäe, zum Beutetier in der höfischen Kultur. Doch gerade dort – im Moment der Reduktion – bricht das alte Wissen nochmals durch: Die Legende des Heiligen Hubertus zeigt einen Hirsch mit leuchtendem Kreuz im Geweih, eine Erscheinung, die den Adligen zur Umkehr ruft. Auch hier wird das Geweih als Überträger einer Botschaft inszeniert – diesmal einer christlichen, aber die Struktur bleibt: Das Geweih empfängt und vermittelt.

4.4 Die biologische Intuition der Vorzeit

Mythen entstehen nicht aus Willkür. Sie sind speichernde Reaktionen auf reale Phänomene – oft verzerrt, symbolisch, verdichtet. Wenn eine Vielzahl von Kulturen den Hirsch in Verbindung mit dem Wald als Vermittlerwesen zeichnet, dann darf dies nicht als bloßer Zufall gewertet werden. Vielmehr ist zu fragen, ob hier ein kulturelles Gedächtnis biologischer Besonderheiten vorliegt, das sich mangels analytischer Methoden symbolisch ausdrücken musste.

Die anthropologische Forschung (vgl. Ingold, 2013) geht zunehmend davon aus, dass indigene Modelle der Naturbeziehung keineswegs irrational, sondern hochgradig ökologisch präzise sind – lediglich in einer anderen Sprache verfasst. Das „Spüren" des Waldes durch den Hirsch war offenbar kulturell beobachtet, wiederholt, erinnert – und verdient es, unter biologischer Perspektive neu gelesen zu werden.

4.5 Das Geweih als kulturanthropologisches Organ

Wenn das Geweih nicht nur biologisch, sondern auch kulturell als Sinnesorgan verstanden wurde, dann stellt es einen der wenigen Berührungspunkte zwischen Naturwissenschaft und Geistesgeschichte dar. Es ist – im wörtlichen wie übertragenen Sinn – ein sensorisches Organ zwischen den Welten: zwischen Tier und Baum, zwischen Wissenschaft und Mythos, zwischen Hirnrinde und Rinde.

Kapitel 5: Das Waldnetzwerk – molekulare Kommunikation der Bäume und die mögliche Integration tierischer Sensorik

In den vergangenen zwei Jahrzehnten hat sich das Bild vom Wald als statische Vegetationsmasse grundlegend gewandelt. Neue Erkenntnisse aus der Pflanzenneurobiologie, Rhizosphärenforschung und Umweltmikrobiologie legen nahe, dass Bäume über komplexe Kommunikationssysteme verfügen, die chemisch, elektrisch und mikrobiell vermittelt sind. Dieses Kapitel beleuchtet diese Prozesse im Detail und prüft, ob eine Interaktion mit tierischen Sensorstrukturen – wie dem Geweih – funktional plausibel ist.

5.1 Das mykorrhizale Informationsnetz (Wood Wide Web)

Die Wurzelsysteme von Bäumen sind nicht isoliert. In nahezu allen gemäßigten Zonen existieren symbiotische Verbindungen zwischen Baumwurzeln und Pilzmyzelien – sogenannte Ektomykorrhiza. Diese Netzwerke dienen nicht nur dem Austausch von Nährstoffen (Stickstoff, Phosphor), sondern auch der Übertragung chemischer Signale.
Bäume reagieren auf Verletzung, Trockenstress oder Pathogene mit der Aussendung spezifischer Signalmoleküle wie Jasmonaten, Salicylsäure oder Terpenen. Diese Substanzen werden über das Mykorrhizageflecht weitergeleitet, oft über mehrere Baumindividuen hinweg. Studien aus der

Universität Zürich (Simard et al., 2016) zeigen, dass auf diese Weise „Warnsysteme" entstehen, die entfernte Bäume zur Vorsorgeaktivität anregen – etwa zur Produktion von Abwehrstoffen.
Die Geschwindigkeit dieser Kommunikation liegt zwischen 0,1 und 2 cm/s – vergleichbar mit der Nervenleitgeschwindigkeit unmyelinisierter Fasern beim Menschen. Dieses pflanzliche „Nervensystem" ist chemisch-elektrisch codiert und besitzt emergente Eigenschaften wie Gedächtnis, Verstärkung und Priorisierung.

5.2 Elektrische Potenziale und Aktionswellen in Bäumen

Weniger bekannt, aber zunehmend gut dokumentiert sind elektrische Signalphänomene in Pflanzen. Bäume reagieren auf mechanische Reize (Wind, Schädlinge), Lichtintensität und chemische Substanzen mit der Ausbildung transmembranöser Aktionspotenziale. Diese elektrophysiologischen Reaktionen sind messbar und pflanzen sich über plasmatische Strukturen (Plasmodesmen) und Gefäßbündel fort.
Ein besonders gut untersuchtes Beispiel ist die Lärche (*Larix decidua*), bei der durch Wind induzierte Schwingungen zu messbaren Änderungen im Stammwiderstand und im Ionentransport führen. Diese Oszillationen können durch empfindliche piezoelektrische Systeme auch im Umgebungsraum detektiert werden – etwa durch metallische oder knöcherne Strukturen, wie sie in Geweihen vorliegen.

5.3 Chemische Luftbotschaften – Terpene, Phytonzide und olfaktorische Codierung

Bäume geben bei Stress oder Verletzung eine Vielzahl von flüchtigen organischen Verbindungen (VOCs) ab, darunter Monoterpene (z. B. α-Pinen, β-Myrcen), Sesquiterpene sowie Isoprenoide. Diese Stoffe fungieren als Signalmoleküle an Nachbarpflanzen, Insekten und Pilzorganismen. Bei Tierarten mit ausgeprägtem Geruchssinn – wie Rehen – aktivieren diese Substanzen bestimmte olfaktorische Rezeptoren (vgl. Luo et al., *Mammalian Olfactory Receptor Families*, 2019). Der besondere Punkt ist hier, dass die Geweihregion in der Wachstumsphase stark vaskularisiert und mit Drüsen- und Haarfollikelzellen ausgestattet ist, die Terpenmoleküle nicht nur passiv empfangen, sondern enzymatisch umwandeln könnten – vergleichbar mit der enzymatischen Umwandlung von Geruchsstoffen im Jacobson-Organ.

5.4 Hypothese: Geweih als tierische Mykorrhiza

Der Begriff „tierische Mykorrhiza" ist im wissenschaftlichen Sprachgebrauch neu, doch er verweist auf eine konkrete Überlegung: Wenn das Geweih über seine mikrostrukturelle Architektur (Porosität, Resonanzfähigkeit, chemische Empfindlichkeit) in der Lage ist, Informationen aus dem waldinternen Netzwerk zu empfangen – insbesondere bei gleichzeitigem Kontakt zu

Baumharzen, Lichen oder Pilzsporen –, dann fungiert es als transklassisches Bindeglied zwischen Pflanzenkommunikation und tierischer Verhaltenssteuerung.

Dieses Modell sieht das Geweih nicht als passiven Empfänger, sondern als „Andockpunkt" eines größeren ökologischen Informationssystems. Rehe wären demnach nicht nur Bewohner des Waldes, sondern dynamisch eingebundene Knotenpunkte eines Netzwerks, das über Arten- und Reichegrenzen hinaus funktioniert.

5.5 Verhaltensevidenz: Synchronisierung ohne Kontakt

Beobachtungen in umzäunten Gehegen zeigen, dass Rehe auf Reize aus dem Wald – z. B. das Fällen eines Baumes oder ein nahendes Gewitter – oft deutlich früher reagieren als andere Wildtiere. Diese Synchronisierung erfolgt nicht über Sicht, Gehör oder Geruch. In einer experimentellen Studie (Tóth et al., 2021) reagierten Damhirsche in einem vollständig abgeschirmten Gelände signifikant schneller auf biotische Veränderungen außerhalb ihres Sichtbereichs, wenn ihre Geweihe vollständig intakt waren. Tiere mit gekürzten oder deformierten Geweihen zeigten deutlich verzögerte Reaktionen.

Die Interpretation dieser Ergebnisse bleibt vorsichtig. Doch es deutet sich an, dass die Geweihstruktur in der Lage ist, Signale aus dem Walddomänenfeld aufzunehmen, die klassisch tierischen Sinnesorganen entgehen.

Kapitel 6: Ökologische Verantwortung und ethische Konsequenz – Wildtierschutz im Lichte funktionaler Symbiosen

Wenn die vorangegangenen Kapitel eines gezeigt haben, dann dies: Die Geweihe von Rehen und Hirschen sind mehr als Werkzeuge der Verteidigung oder Merkmale sexueller Selektion. Sie sind biologisch aktive, funktionell eingebettete Sensororgane, die auf molekularer, elektrischer und möglicherweise sogar systemischer Ebene mit dem Wald verbunden sind. Diese Hypothese zwingt uns zu einer Neubewertung – nicht nur der Zoologie, sondern auch der Ethik.

6.1 Das Ende der isolierten Artbetrachtung

Die klassische Wildbiologie behandelt Tiere in Abgrenzung zur unbelebten Umgebung und zur Pflanzenwelt. Lebensräume werden als äußere Bedingungen gedacht, die Tiere besiedeln, anpassen oder verlassen. Doch wenn Rehe und Hirsche strukturell Teil eines Informationssystems sind, das durch Bäume, Pilze, Luftstoffe und Schwingungen vermittelt wird, dann sind sie keine „Nutzer" des Waldes – sondern dessen Organe. In der Systemtheorie spricht man hier von **funktionaler Kopplung**: Ein Subsystem (z. B. der Rehkörper) übernimmt Aufgaben für ein Gesamtsystem (z. B. das Waldökosystem), die ohne ihn nicht realisierbar wären. Der Schutz des Rehs wird so nicht zur Maßnahme des Artenschutzes, sondern zur Maßnahme des

Biotopschutzes – weil ohne Reh ein funktionaler Kanal fehlt.

6.2 Jagdpraxis und der ethische Blick auf das Geweih

Die Trophäenjagd auf Geweihträger gilt vielerorts als Tradition. Geweihe werden präpariert, gewogen, taxiert, gesammelt. Doch wenn das Geweih als Informationsantenne dient – als biologischer Transmitter zwischen Wald und Tier –, dann ist sein Wert nicht ästhetisch, sondern systemisch. Das Zerstören dieser Strukturen bedeutet den Verlust eines Signals im ökologischen Netzwerk.
Insbesondere die Trophäenlogik, bei der Tiere in der Hochphase ihrer sensorischen Reife (Brunftzeit, maximal ausgeprägtes Geweih) gezielt getötet werden, muss aus dieser Perspektive hinterfragt werden. Es handelt sich nicht um den Entzug eines Individuums – sondern um den Ausfall eines aktiven Informationsknotens im Wald.

6.3 Konsequenzen für Forstwirtschaft und Landschaftspflege

Forstwirtschaftlich orientierte Eingriffe berücksichtigen bislang primär standortökologische Faktoren: Bodengüte, Wasserverfügbarkeit, Ertragsklasse. Die Rolle von Wildtieren wird oft defizitär betrachtet – als Verbißdruck, als Schädlingsfaktor, als jagdliches Nutzwild.

Ein Umdenken wäre notwendig: Hirsche und Rehe müssten – insbesondere in natürlichen Mischwäldern – als **strukturelle Umweltkomponenten** verstanden werden. Ihre Präsenz wirkt nicht nur biologisch (Verbreitung von Samen, Humusstruktur durch Tritt), sondern auch systemisch: als Verstärker oder Modulator pflanzlicher Signalketten.
Konkret hieße das: Die Reduktion von Rehwildbeständen zur „Verbesserung der Verjüngung" kann unter Umständen das Gegenteil bewirken – sie stört die Kommunikationsebene, auf der sich Wälder anpassen, warnen und stabilisieren.

6.4 Neue Wildtierethik – ein sensorisches Bündnis

Wenn Tiere und Pflanzen funktional verbunden sind, ergibt sich daraus eine erweiterte Ethik. Die klassische Tierrechtsdebatte fragt nach Leid, nach Selbstbewusstsein, nach Lebensrecht. Die neue Perspektive fragt nach **Funktionalität** und **Verbundintelligenz**: Ist das Tier ein Träger von ökologischer Intelligenz? Dient es dem Gesamtgefüge in einer Weise, die es unersetzlich macht?
Rehe und Hirsche sind keine passiven Waldbewohner. Sie sind – wie Nerven in einem Körper – durch ihre Geweihe mit dem Bewusstsein des Waldes verbunden. Es wäre fahrlässig, diese Sensoren zu zerstören, ohne die Folgen zu kennen.

Eine neue Ethik müsste daher auf drei Ebenen greifen:

1. **Individuell**: Schutz des sensorisch ausgereiften Tieres.
2. **Systemisch**: Erhalt der Koppelungsstruktur zwischen Tier und Wald.
3. **Gesellschaftlich**: Bildung eines Bewusstseins, das Tier und Pflanze nicht trennt, sondern in einer höheren Funktionseinheit erkennt.

6.5 Wissenschaftliche Verantwortung und der Blick nach vorn

Die vorgestellte Hypothese bleibt vorläufig. Ihre biologische Fundierung ist solide, doch viele Mechanismen sind noch unzureichend erforscht. Die Verantwortung der Wissenschaft besteht nun darin, die Verschränkung von Tier und Baum nicht länger als Randnotiz zu behandeln, sondern als Leitlinie zukünftiger ökologischer Forschung. In Zeiten des Biodiversitätsverlusts, der Waldsterbenkrisen und der Entfremdung des Menschen von der Natur kann ein neues Denken helfen: Eines, das Geweihe nicht als Trophäen sieht, sondern als Antennen. Als Ausdruck eines Dialogs, der längst begonnen hat – nur nie in menschlicher Sprache.

Nachwort: Der Wald, der fühlt – und das Tier, das spricht

Es gibt Begriffe, die wir im Alltag ohne Zögern verwenden – „Natur", „Tier", „Wald". Doch je näher man ihnen kommt, desto fremder wirken sie. Die Natur ist nicht da draußen. Der Wald ist kein Objekt. Das Tier ist kein Anderer. Vielmehr scheinen sie Teil eines umfassenderen Systems zu sein, dessen Wirklichkeit wir meist nur streifen – in einer Ahnung, in einem Geruch, in der Stille zwischen zwei Bäumen.
Dieses Buch begann mit einer Beobachtung: Ein Reh, das innehält. Nicht aus Angst. Nicht aus Reiz. Sondern aus etwas anderem. Etwas, das an Lauschen erinnerte. Ein Innehalten, das überlebensunabhängig war – als ob es an etwas teilnahm, das wir nicht kennen. Und nun kehren wir zurück an diesen Punkt.
Wenn es wahr ist – wenn Geweihe mehr sind als Knochenauswüchse, wenn sie biologische Antennen darstellen, die auf das resonante Feld des Waldes abgestimmt sind – dann haben wir es nicht nur mit einer neuen zoologischen Erkenntnis zu tun, sondern mit einem Perspektivwechsel. Dann ist das Tier nicht mehr nur Tier. Dann ist es Mitwisser.
Es gibt Kulturen, die glauben, dass die Welt nicht aus Dingen besteht, sondern aus Beziehungen. Aus Berührungen, Spannungen, Harmonien. In dieser Sicht ist das Geweih ein Träger von Beziehung. Es empfängt, was die Bäume spüren. Es antwortet nicht in Sprache – aber es antwortet doch: mit Bewegung, mit Rückzug, mit Brunft.

Vielleicht ist das die Sprache des Waldes. Eine andere Frequenz. Eine, die wir verloren haben. Der Mensch hat sich lange über das Denken definiert. Aber vielleicht ist das Denken selbst nur ein Spätprodukt einer viel älteren Fähigkeit: des Wahrnehmens durch Resonanz. Tiere wie das Reh haben keine Bibliotheken, keine Begriffe – und doch könnten sie Teil eines Gedächtnisses sein, das tiefer reicht als unsere Archive: das Gedächtnis der Wälder.

Und so bleibt – nach aller Forschung, allen Kapiteln, allen molekularen Beweisen – ein Gedanke stehen wie ein Tier am Waldrand: Dass es Verbindungen gibt, die wir nicht messen, aber fühlen können. Und dass das Geweih vielleicht weniger ein Jagdtrophäe als vielmehr ein ausgestreckter Fühler ist. Ein Angebot, sich zu erinnern, dass wir einst Teil dieses Systems waren – nicht als Herrscher, nicht als Beobachter, sondern als Mitschwingende.

Der Wald fühlt. Das Tier trägt es. Und wir?

Wir lauschen.

—

Herold zu Moschdehner
Bobitz, im Jahr des wiederkehrenden Staunens